图说 水电厂安全生产典型违章100条

主 编 李 华

副主编 宋绪国 高国庆

U0299868

中国电力出版社
CHINA ELECTRIC POWER PRESS

图书在版编目（CIP）数据

图说水电厂安全生产典型违章 100 条 / 李华主编 . --
北京：中国电力出版社，2017.8（2023.2重印）
　ISBN 978-7-5198-1024-5

Ⅰ . ①图… Ⅱ . ①李… Ⅲ . ①水力发电站—安全生产
Ⅳ . ① TV737

中国版本图书馆 CIP 数据核字 (2017) 第 179124 号

出版发行：中国电力出版社	印　　刷：北京瑞禾彩色印刷有限公司
地　　址：北京市东城区北京站西街 19 号	版　　次：2017 年 8 月第一版
（邮政编码 100005）	印　　次：2023 年 2 月北京第三次印刷
网　　址：http://www.cepp.sgcc.com.cn	开　　本：889 毫米 ×1194 毫米 48 开本
责任编辑：孙建英　（010-63412369）	印　　张：2.625
责任校对：闫秀英	字　　数：62 千字
装帧设计：张俊霞　赵姗姗	印　　数：3501—4500 册
责任印制：蔺义舟	定　　价：19.00 元

内容提要

　　为深入开展安全生产反违章活动，本书结合水电厂现场工作实际，将水电厂典型违章进行梳理总结，并配以生动的图片，以便现场人员加深理解和记忆。通过本书学习，现场人员可提高反违章意识，更好地夯实安全生产工作基础。

编 委 会

主　编　李 华

副主编　宋绪国　高国庆

参　编　王　涛　吴冀杭　李少春　罗　涛

　　　　李　显　刘争臻　袁冰峰　陶昌荣

　　　　夏书生　靳永卫

前　言

　　违章行为是指不良的作业、工作习惯和错误做法，在现场生产、施工或检修作业过程中违反规程、规定或制度的行为，具有一定的顽固性、潜在性、感染性和排他性。其成因和危害表现大致有以下 6 种：

　　（1）不知不觉的违章：员工对每项工作程序应该遵守的规章制度根本不了解，或一知半解，工作起来凭本能、热情和习惯。

　　（2）盲目蛮干的违章：工作方法简单粗暴，心理上视小心谨慎为婆婆妈妈，凭经验工作，很少能听进别人的劝告。

　　（3）麻痹大意的违章：员工在工作中粗心大意，对工作不认真，马马虎虎，心不在焉，不安全因素始终围绕在其身边，时刻有发生事故的可能。

　　（4）得过且过的违章：员工在工作中缺乏积极性，做一天和尚撞一天钟，发现安全问题也不及时制止或纠正，自保意识差，一旦对其放松管理，就有可能发生事故。

　　（5）心存侥幸的违章：员工在过去的工作中偶尔发生过违章，但都没有出过事，便认为这样干也不会发生事故，一旦环境、设备、人员发生变化，就有可能引发事故。

（6）贪图安逸的违章：员工在工作中不求上进，平时不注意学习，技术水平一般，一旦遇到紧急任务，就仓促上阵不顾安全，这种人在大型工作时随其他人一起工作还可以，自己单独工作哪怕从事简单的工作都有可能发生事故。

有些员工往往对潜在的一些习惯性违章行为不以为然，一旦出了事故才追悔莫及。支配习惯性违章行为的心理不改变，习惯性作业方式不纠正，习惯性违章行为就会反复发生。它是事故的温床和祸根，是安全的大敌和杀手，是管理的漏洞和死角。

抓好反违章工作是一项长期的工作。为了杜绝违章，我们必须加大安全教育的力度，不断提高员工的安全意识，营造一个"以人为本，遵章守法，珍惜生命，保证安全"的安全氛围。必须全面规范员工的作业行为，加强岗位技术培训，不断提高员工操作技能，加大对生产现场的监督检查及考核处罚力度。

本书图文并茂，通过学习能更好地促进员工安全意识，掌握规章制度，提高工作技能。

编　者

目 录 Contents

图说水电厂安全生产典型违章 100条

一、管理违章

- *1.* 专责监护人设置不严格。

- *2.* 未对外包单位进行资质复查。

3. 启用不合格人员进行焊接，焊接接头随意放置。

● *4.* "三种人"把控不严格。

二、文明施工

不得把安全帽当凳子坐。

- **5.** 安全帽当凳子坐。

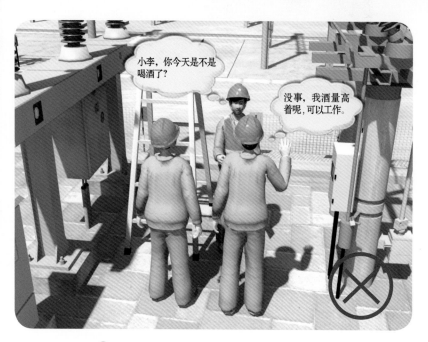

6. 操作人酒后精神不振仍坚持作业。

- 7. 工作人员在禁止吸烟区域吸烟。

三、变电运维

8. 值守人员擅自离岗。

- *9.* 主控室设有灭火标示牌指示，但无灭火器材。

- *10.* 未核对铭牌设备名称就执行倒闸操作。

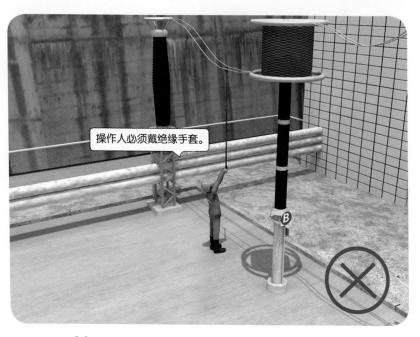

操作人必须戴绝缘手套。

● *11.* 操作人高压验电时未戴绝缘手套。

12. 监护人未根据操作票进行验电就挂接地线。

13. 监护人违章指挥，操作人强制解锁。

- *14.* 倒闸操作时，违规无票操作。

● *15.* 高压试验单人作业，监护缺失。

16. 监护人擅自离开工作现场。

17. 监护人直接参与工作，随意放置工作票。

• *18.* 操作人未经监护人许可擅自操作。

● *19.* 倒闸操作监护人未进行有效监护。

不得安排其他工作。

● *20.* 操作未完成，监护人又去安排其他工作。

非工作人员不许单独进入室外高压设备区。

• *21.* 非工作人员单独进入室外高压设备区。

雨天巡视应防雷。

● *22.* 雨天打雨伞违规进到高压设备巡视。

未穿绝缘鞋进行巡视。

● *23.* 操作人穿普通鞋子进行巡视工作。

四、现场作业

- **24.** 材料、工具遗漏在工作现场。

• 25. 监护人现场交底不清楚。

- *26.* 工作人员未履行工作许可手续擅自开展工作。

● 27. 监护人擅自扩大工作内容。

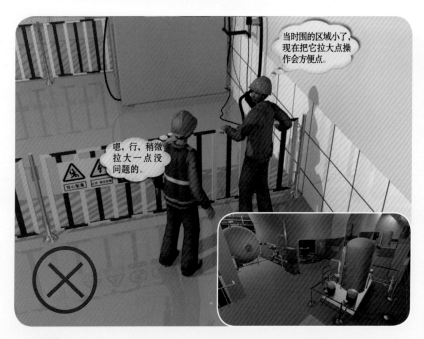

● *28.* 操作人随意扩大工作范围，监护人违规许可。

- *29.* 监护人未组织人员对现场进行勘查。

● *30.* 工作负责人在工作前未进行交底。

- **31.** 工作未结束就执行结束签字。

- *32.* 工作终结时不检查，导致未关闭柜门。

- *33.* 装设接地线操作顺序错误。

接地桩埋土深度
未到红线处。

- *34.* 接地桩的埋土深度不足。

• 35. 接地线未装设牢靠。

- *36.* 装设接地线时接地线端未夹紧。

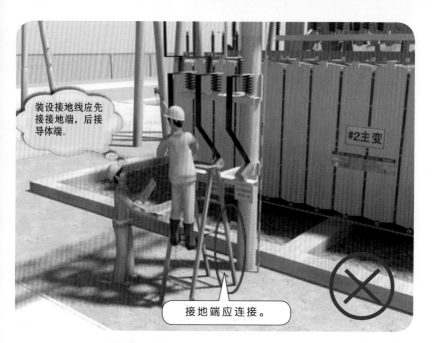

37. 装设接地线时接地端未连接。

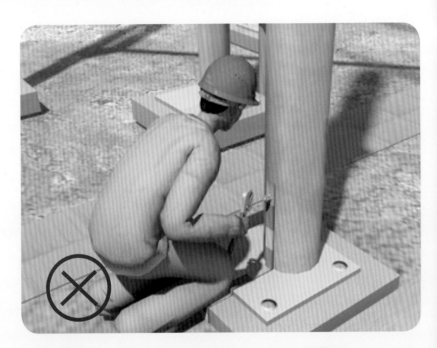

● *38.* 违规拆除使用中的电气设备接地装置。

● *39.* 检修作业时安全距离不满足要求时未停电。

- *40.* 监护人旁边的线路表面破损，井下工作人员坐在缆线上。

● *41.* 监护人在丢失接线图的情况下凭经验接线。

• 42. 监护人违章允许使用不合格的仪器。

大概 3.5m。

● *43.* 工作人员在带电设备周围进行测量。

44. 继电保护室内违规使用移动通信工具。

● *45.* 操作人与带电设备的安全距离不够。

- *46.* 心肺复苏按压时手臂未垂直，掌跟未重叠。

● 47. 登高板挂钩口向下。

48. 操作人身体状况不佳，却进行高处作业。

后备保险绳专用挂钩
应规范使用。

- *49.* 操作人后备保险绳专用挂钩使用错误。

转位时失去防护。

• *50.* 高处作业转位不系安全带，未系保险绳。

• *51.* 高处作业人员靠在脚手架上休息。

• 52. 操作人从高处向下抛扳手。

• *53.* 下杆的工作人员随意扔下脚扣。

操作人员爬杆必须戴绝缘手套。

• 54. 操作人爬杆未戴绝缘手套。

应对井盖进行处理。

- 55. 巡视人员在巡视过程中未对井盖进行处理。

• *56.* 临近路边作业防潮垫上未使用围栏。

夜间施工应开启警示灯。

- *57.* 夜间施工未开启警示灯。

梯子底端应有防滑装置。

- *58.* 梯子底端没有防滑装置或未采取防滑措施。

梯脚应完整。

- *59.* 使用梯脚不完整的梯子作业。

搬运梯子时应防止误碰其他设备。

• 60. 工作人员搬运梯子时误碰其他设备。

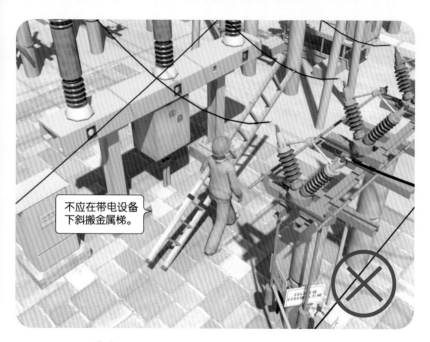

不应在带电设备下斜搬金属梯。

● *61.* 操作人在带电设备下斜搬金属梯。

不应站在高于梯子最上面的梯阶上工作。

• 62. 操作人站在梯子最上面的梯阶上工作。

● *63.* 进入蜗壳和尾水管未设防坠器和专人监护。

起重时吊臂下禁止站无关人员。

- *64.* 起重时吊臂下站无关人员。

- *65.* 起重时人站在起吊重物上起吊。

吊臂和带电线路应保持安全距离。

- *66.* 吊臂和带电线路的安全距离不够。

• 67. 违规利用栏杆起吊重物。

- *68.* 工作人员跨越牵引中的钢丝绳。

- *69.* 非专责指挥人员参与指挥吊臂车。

- 70. 未带防护眼镜进行金属打磨工作，防护眼镜随意扔在地下。

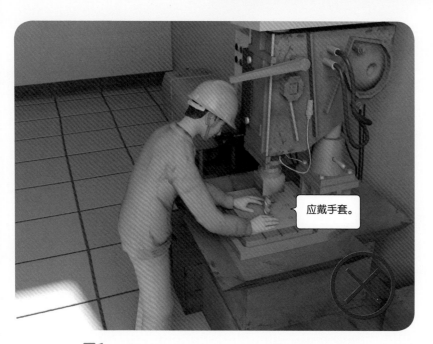

应戴手套。

- *71.* 未采取防护措施，徒手清理钻孔设备。

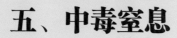

五、中毒窒息

- 72. 未戴防毒面具进入可能含有 SF_6 气体的 GIS 室。

- *73.* 监护人未按规定执行井下空气质量测试。

六、车辆交通

74. 工作人员酒后驾驶车辆。

严禁人货混载。

- 75. 工程车车厢上载货物同时载人。

七、消防安全

易燃易爆场所
禁止焊接。

- 76. 在易燃易爆场所做焊接工作。

- 77. 动火作业未办理动火工作票。

不得在禁止烟火的场所进行焊接工作。

- *78.* 在禁止烟火的场所进行焊接工作。

● *79.* 主控室放置汽油等易燃物。

气罐运输不得在车厢上胡乱堆放。

- 80. 气罐运输时在车厢上胡乱堆放。

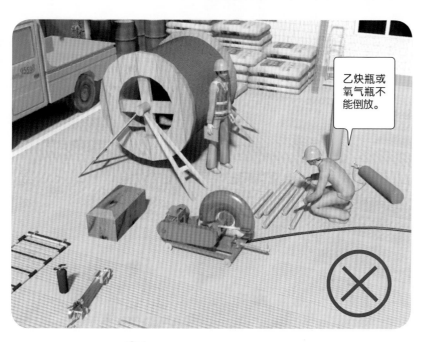

81. 乙炔瓶或氧气瓶倒放。

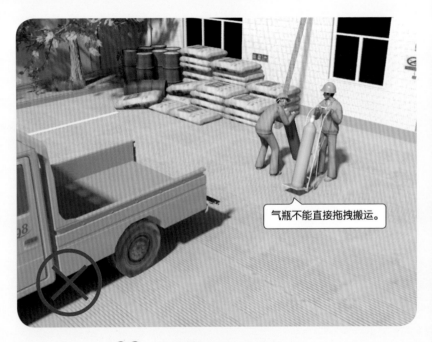

气瓶不能直接拖拽搬运。

● 82. 气瓶直接拖拽搬运。

八、安全工器具

• *83.* 工作人员安全帽的帽绳置于后脑。

- *84.* 工作人员安全帽的下颚带放在帽子内。

进入作业现场必须戴安全帽。

- *85.* 进入作业现场未戴安全帽。

- *86.* 操作人的安全帽有破损。

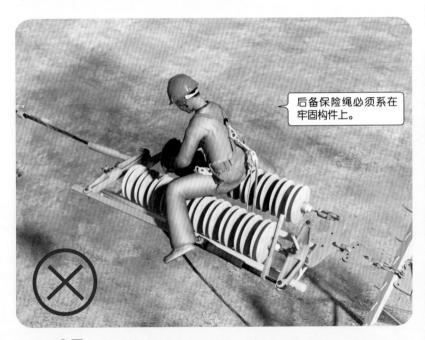

后备保险绳必须系在牢固构件上。

- **87.** 操作人后背保险绳未系在牢固构件上。

• **88.** 杆上操作人的后备安全绳低挂高用。

89. 操作人的保险绳和安全带系在同一构件上。

- *90.* 操作人从事高处作业只挂保险绳未系安全带。

• *91.* 工作人员系的安全带有破裂。

不得擅自跨越护栏。

● *92.* 操作人擅自跨越护栏。

93. 工作人员穿越围栏，监护人未穿绝缘靴。

94. 操作人绝缘手套使用不规范。

应正确使用
绝缘手套。

- 95. 倒闸操作时不按规定使用绝缘手套。

96. 电气作业监护人未穿绝缘靴，操作人未戴绝缘手套。

● 97. 电气作业操作人未戴绝缘手套。

• *98.* 使用质量不符合要求的绝缘操作杆。

绝缘靴不应套在裤脚外。

99. 工作人员绝缘靴使用不规范。

• *100.* 验电器使用不规范。